L'ART

DE PRÉPARER ET CONSERVER

les

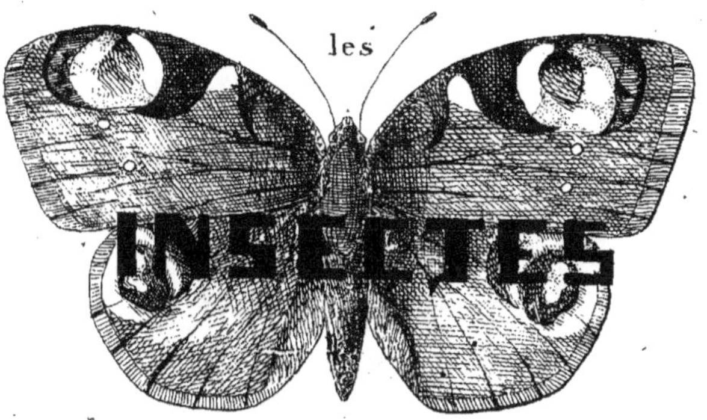

INSECTES

PAR

EVANS

Préparateur Naturaliste, Membre de l'Académie de l'Industrie, Auteur d'un traité sur l'art de préparer les Oiseaux.

Orné d'une Planche.

PRIX : 75 CENT.

A PARIS.

CHEZ G.-A. DENTU, IMPRIMEUR-LIBRAIRE.

Rue des Beaux-Art. 6. N.° 3 et 5.

et Palais-Royal, Galerie Vitrée, N.° 13.

ET CHEZ L'AUTEUR,

Quai Voltaire. 5, ci-devant Rue Jacob.

1841.

L'ART

DE

PRÉPARER ET CONSERVER

les Insectes.

PAR P. EVANS,

préparateur naturaliste, membre de l'Académie de l'Industrie; auteur d'un Traité sur l'art de préparer les Oiseaux.

Prix : 75 centimes.

A PARIS,

CHEZ G.-A. DENTU, IMPRIMEUR-LIBRAIRE,

rue des Beaux-Arts, nos 3 et 5;

ET PALAIS-ROYAL, GALERIE VITRÉE, No 13;

ET CHEZ L'AUTEUR,

quai Voltaire, no 5.

1841.

La préparation et la conservation des insectes n'est pas chose très-difficile, mais cela exige beaucoup de soins; les papillons surtout doivent être l'objet de soins très-attentifs, si on veut les bien conserver avec tout l'éclat des belles couleurs dont la nature les a enrichis. Beaucoup de personnes s'occupent de réunir en collection tous ces jolis habitans de nos plaines et de nos bois, et très-peu savent les préparer d'une manière agréable et en même temps conservatrice. Faute de soins ou par ignorance, on a vu souvent de belles collections se détruire en peu de temps; et quels regrets n'a-t-on pas alors, quand après s'être donné beaucoup de peine, on voit tomber en poussière, et presque tout-à-coup, le fruit de ses travaux!

Afin d'épargner à nos jeunes collectionneurs de pareils regrets, nous leur indiquons, dans ce petit ouvrage dicté par l'expérience, les moyens de préparer et conserver les lépidoptères et les coléoptères qu'ils se donneront la peine de réunir. La modicité du prix de ce petit livre a été aussi l'objet de notre but; nous avons voulu que tous les jeunes gens pussent se le procurer facilement.

Pour nous, nous trouverons notre récompense dans l'accueil favorable qu'ils daigneront faire à notre petit ouvrage.

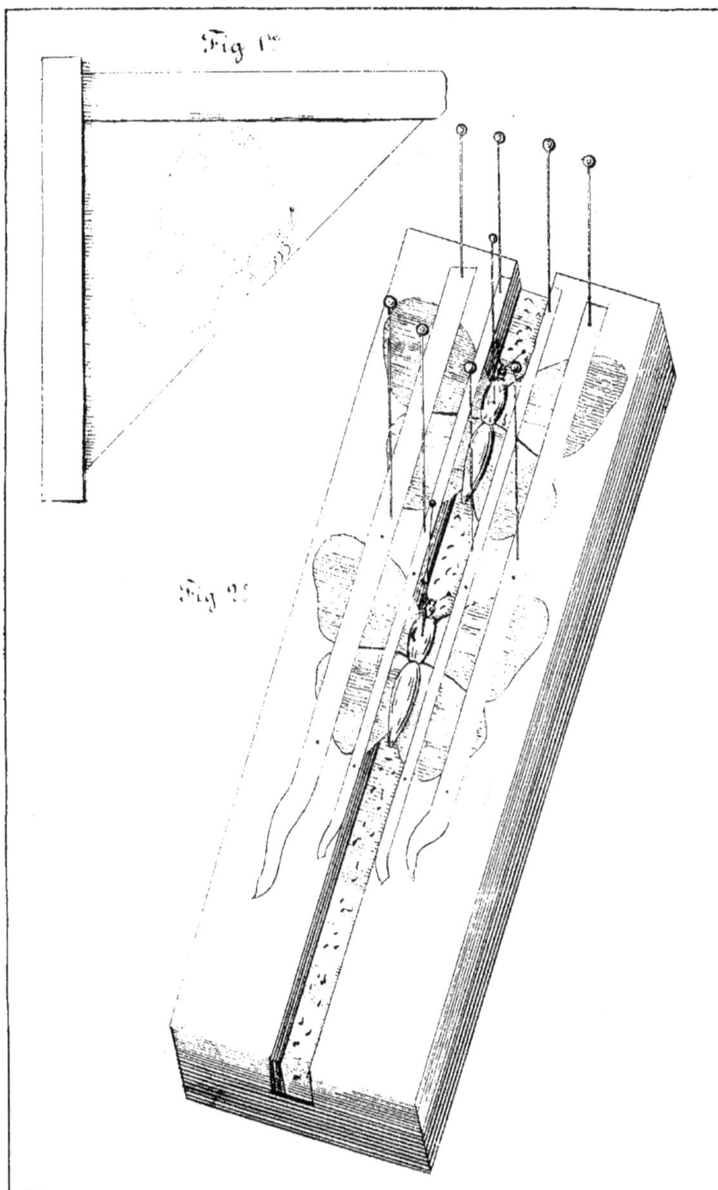

Fig. 1re Papillon renfermé dans un morceau de Papier carré plié en deux en forme de papillottes.
Fig. 2e Etaloir et Papillons fixés dans la rainure les ailes étendues et maintenues par des bandes de papier et des épingles.

L'art

DE PRÉPARER ET CONSERVER

LES INSECTES.

PREMIERE PARTIE.

LES LEPIDOPTÈRES.

Pour prendre les papillons, on se sert d'un petit filet fait d'une gaze verte très-légère et très-douce, avec lequel on cherche à les envelopper, soit qu'ils voltigent ou qu'ils soient posés. Dès qu'on est parvenu à en faire entrer un dans le filet, on fait faire à ce dernier vivement un demi-tour, afin d'en fermer l'ouverture.

Il faut après cela le retirer de là sans l'endommager; ceci demande beaucoup de précaution, car la poussière qui couvre ses ailes, et qui compose ses belles couleurs, tient à peine, et s'enlève au moindre frottement. On cherche donc à le saisir avec le bout des doigts, par le corps, au-dessous des ailes, et on serre un peu, afin de le faire mourir. On ouvre ensuite le filet, duquel on retire avec soin le papillon; et lui ouvrant les ailes, on le pique sur le corselet (1), qu'on traverse de part en part avec une épingle longue et fine, et on le place ensuite dans une petite boîte liégée, dont on doit toujours être muni, ainsi que d'une certaine quantité d'épingles connues sous le nom d'*épingles à insectes*.

On doit faire bien attention, en les mettant dans la boîte, de ne pas les placer trop près les uns des autres, car s'il s'en trouvait de vivans, ils gâteraient les autres en se débattant.

---

(1) On nomme ainsi la partie qui se trouve entre la tête et le corps.

On emploie encore un autre moyen; on retire du filet les papillons en les prenant par les deux ailes fermées; on tâche de les faire mourir, et on les renferme ainsi dans des petits carrés de papier préparés à l'avance (*voir* la planche, figure 1re); on fixe ensuite ces papiers dans la boîte avec des épingles. De cette manière, on peut en placer beaucoup plus dans la boîte que par le moyen précédent, car on peut mettre tous ces petits papiers les uns sur les autres, sans craindre d'accident.

Il ne faut pas différer plus long-temps que du jour au lendemain pour les étaler, car il est bien plus facile de le faire lorsqu'ils sont encore frais; mais si on les a laissé sécher, il faut leur faire subir l'opération du ramollissage. On emploie pour cela différens moyens; mais celui que l'expérience nous a fait reconnaître pour être le meilleur est celui-ci.

Sur du sable fin et mouillé on pique les papillons qu'on veut ramollir, on les couvre ensuite d'une cloche en verre ou d'un vase quelconque, pourvu que l'air n'entre point; au bout de vingt-quatre ou trente heures, ils doivent être suffisamment ramollis et bons à étaler.

On se sert pour les étendre d'un instrument nommé *étaloir;* c'est un morceau de bois tendre et bien uni, d'une longueur de dix-huit à vingt pouces, sur une épaisseur d'un pouce et demi, et d'une largeur qui varie depuis un jusqu'à six ou sept pouces, selon la grandeur des papillons qu'on veut étaler. Au milieu de ce morceau de bois, et sur toute sa longueur, on pratique une rainure de sept à huit lignes de profondeur, au fond de laquelle on place une bande de liége; on pique le papillon qu'on veut étaler, sur cette bande; on le fait descendre dans la rainure, jusqu'à ce que la partie supérieure de son corps se trouve placée au niveau de la surface de l'étaloir; alors, avec la pointe d'une longue épingle, on ouvre les ailes, on les étend et on les maintient ainsi sur l'étaloir, à l'aide de petites bandes de papier fixées en divers endroits par des épingles, ou, ce qui vaut encore mieux, par des aiguilles, auxquelles on a fait faire de fortes têtes en émail ou en cire à cacheter (*voyez* la planche, figure 2).

Pour être plus sûr de placer les ailes à une hauteur égale, on trace sur l'étaloir, et en travers, des lignes droites qui servent à guider pour cela.

Les antennes demandent aussi à être maintenues dans une bonne position; on se sert également d'épingles et d'une petite bande de papier qu'on place en travers pour les empêcher de relever.

Sur le même étaloir on peut ainsi en étendre plusieurs les uns à la suite des autres, autant que sa longueur le permet.

Pendant ces diverses opérations, on ne saurait trop prendre de précaution, car le moindre frottement occasionnerait des dégâts qu'il ne serait pas possible de réparer.

Parmi les papillons qui nous arrivent de l'étranger, il s'en trouve souvent qui se sont brisés, et qui, par leur beauté ou leur rareté, méritent d'être réparés. On cherche alors à réunir toutes les parties, et on les remet en place à l'aide de petites pinces et d'une colle composée tout simplement de gomme arabique très-blanche, et dans laquelle on a ajouté un peu de sucre candi. Cette colle doit être préparée à la consistance d'un sirop un peu épais. Souvent de deux papillons en mauvais état on peut parvenir à en faire un bon, en prenant à l'un ce qui manque à l'autre, mais pourvu qu'ils soient tous deux de même espèce et de même grandeur.

Les boîtes ou cadres dans lesquels on établit la collection doivent être herméti-quement fermés, afin de les préserver de la poussière et de l'attaque des dermestes, et placés dans un lieu sec; l'humidité les ferait moisir, et tout serait perdu.

DEUXIEME PARTIE.

LES COLÉOPTÈRES.

Les autres insectes, nommés *coléoptères*, et qu'on peut reconnaître facilement aux élytres longues et larges qui les recouvrent, sont ceux dont on s'occupe le plus, sans doute à cause de la facilité avec laquelle on peut les préparer et les conserver. On en trouve partout; il en existe un très-grand nombre de familles que les limites de notre petit ouvrage ne nous permettent pas d'énumérer.

Quelques espèces, très-lestes au vol et à la course, sont très-difficiles à prendre, telles que les ciccindèles, les carabiques, etc. On se sert pour les prendre de la chappe ou filet, au travers duquel on peut piquer ceux dont la piqûre pourrait être douloureuse.

Quelques espèces, telles que les élatérides, les byrrhes, etc., ont l'instinct de faire le mort, en se laissant tomber dès qu'ils entendent du bruit.

Pour les prendre, on place le filet ouvert sous la plante, ou le buisson sur lequel ils sont posés, et on les fait tomber en secouant doucement.

Dans tous les endroits de la terre on y trouve des insectes : l'eau, les arbres, leurs troncs, le dessous de leurs écorces, le bord des rivières, les terres sablonneuses, les lieux humides, les fruits, les fleurs, les plantes de toutes espèces, les immondices, les cadavres en putréfaction, tout enfin nous en offre de plus jolis les uns que les autres. Ainsi les beaux longicornes se trouvent dans les forêts et dans les chantiers de bois à brûler ; et le soir, au moment du coucher du soleil, on les voit voler et marcher. Dans les vieux tilleuls, on trouve la belle espèce du prionetanneur. Les coccinelles, petits animaux ornés de jolies couleurs, et connus des enfans sous le nom de *bêtes à bon Dieu,* se trouvent au printemps sur les fleurs des saules et sur les plantes légumineuses.

La grande famille des carabiques nous offre des individus de la plus grande beauté; ils sont répandus partout en très-grand nombre. Les prés, les chemins, les terrains chauds et sablonneux des bois et des jardins fourmillent souvent des plus belles espèces.

Quelques espèces de charançons se trouvent au haut des arbres et sur les fruits; d'autres sous les pierres, sur les fleurs et dans les buissons; mais l'espèce la plus nombreuse et la plus dévastatrice est celle qui, malheureusement pour les cultivateurs, habite les provisions de grains renfermés dans les greniers. On a vu des récoltes entières être dévorées et réduites en poussière en très-peu de temps par ces charançons.

Dans les eaux dormantes des fossés et

des mares, on trouve les hydrocanthares, grands destructeurs d'insectes aquatiques.

Les dermestes sont ces petits papillons que nous voyons voltiger pendant l'été dans les appartemens, et qui rongent si bien nos étoffes de laine, nos fourrures, et en général tout ce qui est composé de substances animales.

Quelques amateurs mettent dans l'esprit-de-vin les coléoptères qu'ils prennent; mais ce procédé a l'inconvénient de ternir l'éclat de leurs couleurs; aussi fera-t-on bien de ne mettre dans la liqueur que ceux qui sont d'une couleur sombre; car n'est-il pas dommage de ternir celles des buprestes, des carabiques, des cycliques, etc.?

Il est donc préférable de les fixer dans une boîte liégée, dont le chasseur devra toujours être muni, ainsi que d'un troubleau, espèce de filet pour prendre les insectes d'eau, et ceux qui sont susceptibles de piquer, à peu près semblable, pour la forme, à celui dont on se sert pour prendre les papillons, mais fait d'une toile ou canevas clair et solide, au lieu de gaze, monté sur un fil de fer plus fort, et emmanché solidement, afin qu'il puisse résister à tous les efforts; car pour faire une bonne chasse, ou plutôt une bonne pêche, il faut le promener çà et là dans l'eau, au travers de la vase, des plantes aquatiques, des racines, etc.

Tous les insectes se piquent sur l'élytre droite; c'est un usage généralement adopté par tous les entomologistes. Lorsqu'on les met dans la boîte, on doit avoir soin de les fixer bien solidement, et de manière à ce qu'ils ne se touchent pas; car il y en a d'extrêmement carnassiers, qui, une fois dépiqués, mettraient tous les autres en morceaux.

On les fait ramollir par le même procédé que pour les papillons; on les pique ensuite sur un liége, et avec des épingles on leur étend et leur maintient dans une bonne position les pattes et les antennes. On les laisse ainsi sécher; et avant de les placer dans la collection, on leur passe sous l'abdomen une couche de préservatif.

Quelques gros coléoptères, qui ont l'abdomen très-épais, tels que les cérambyx, scarabées et autres, ne peuvent se conserver si on ne leur fait pas subir une préparation plus minutieuse, et sans laquelle ils se pourriraient, et gâteraient toute boîte dans laquelle ils seraient placés. On leur soulève les élytres et les ailes, et avec des ciseaux très-effilés, on fait sur le corps une incision par laquelle on fait sortir tous les viscères, etc. On remplit le vide avec du coton haché menu, et légèrement imbibé de préservatif.

De temps en temps on visite la collection; et si, malgré les soins qu'on a pu prendre, quelques insectes se trouvent attaqués, il faut aussitôt les retrancher, ou, si ce sont des espèces rares, les visiter, les réparer et les préserver de nouveau.

Pour les réparer, on emploie les mêmes moyens et la même colle que pour les papillons.

Préservatif de Bécœur, *perfectionné par* M. Arrault, *fabricant de produits chimiques.*

Le préservatif de Bécœur, excellent du reste, a, comme chacun sait, l'inconvénient de se sécher promptement, ce qui est une cause d'ennuis et de pertes de temps pour le préparateur.

Ayant demandé à M. Arrault si, tout en laissant à ce préservatif ses propriétés conservatrices, on ne pourrait pas lui ôter l'inconvénient précité, M. Arrault me fit remettre un composé dont je me servis pendant trois mois, pour préparer toutes mes pièces, et qui, pendant ce laps de temps, conserva toujours la même consistance molle et onctueuse qu'il avait le jour où il me fut remis.

Je ne crains pas d'être démenti par les faits, en disant que l'usage de ce préservatif perfectionné, évitera au préparateur bien des ennuis et des pertes de temps. J'en parle par expérience, car depuis un an je n'en ai pas employé d'autre, pour préparer toutes mes pièces.

M. Arrault a placé chez moi un dépôt de son préservatif.

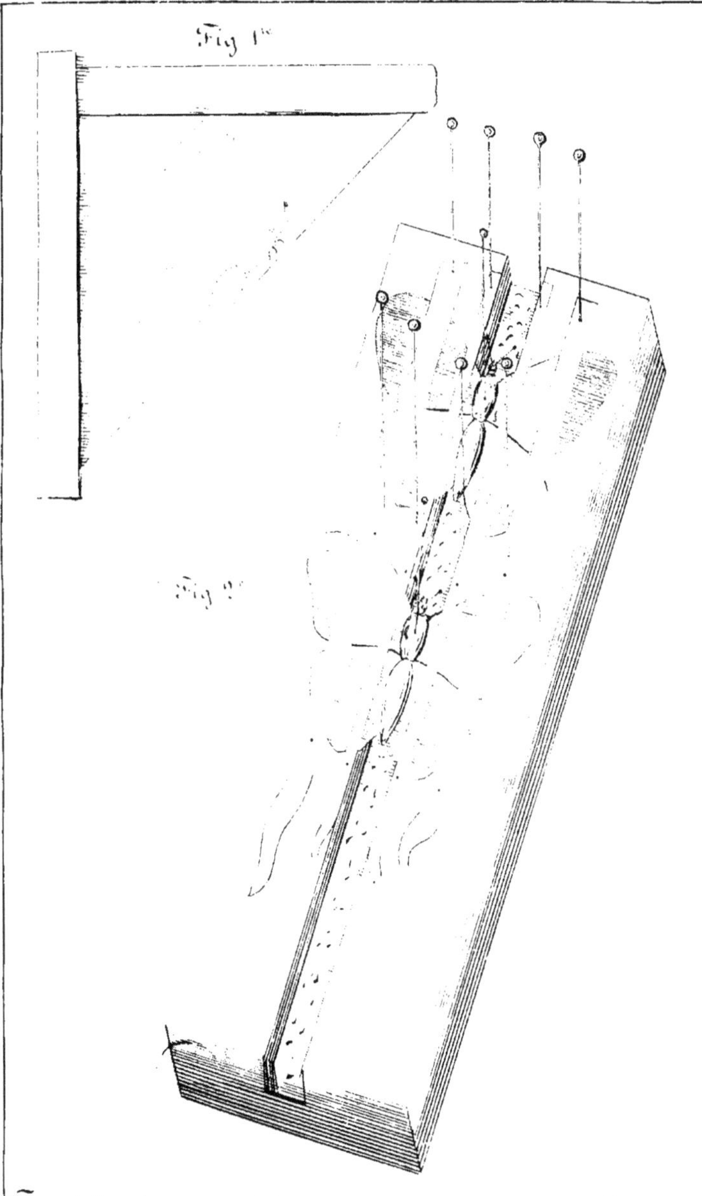

Fig. 1re Papillon renfermé dans un morceau de papier carré plié en deux en forme de papillottes

Fig. 2e Etaloir et Papillons fixés dans la rainure les ailes étendues et maintenues par des bandes de papier et des épingles

LISTE

des instrumens et matériaux nécessaires à la préparation et à la conservation des Insectes, *ainsi que pour celles des autres* Animaux,

QUI SE TROUVENT CHEZ L'AUTEUR.

Filets à papillons.

Filets dit *troubleau*, pour les insectes aquatiques.

Epingles à insectes.

Planches en liége.

Etaloirs.

Brucelles ou pinces à insectes.

Boîtes liégées pour la chasse.

Id. pour collections.

Préservatif.

Scalpels de différentes grandeurs.

Pinces à dissection.

Pinces plates.

Pinces coupantes.

Pinces rondes.

Pinces dites à *pansement*, pour bourrer et débourrer les peaux d'oiseaux.

Ciseaux courbes.

Poinçons de différentes longueurs et grosseurs.

Cure-crânes.

Yeux en émail, pour toute espèce d'animaux.

IMPRIMERIE DE G.-A. DENTU,
rue des Beaux-Arts, 3 et 5

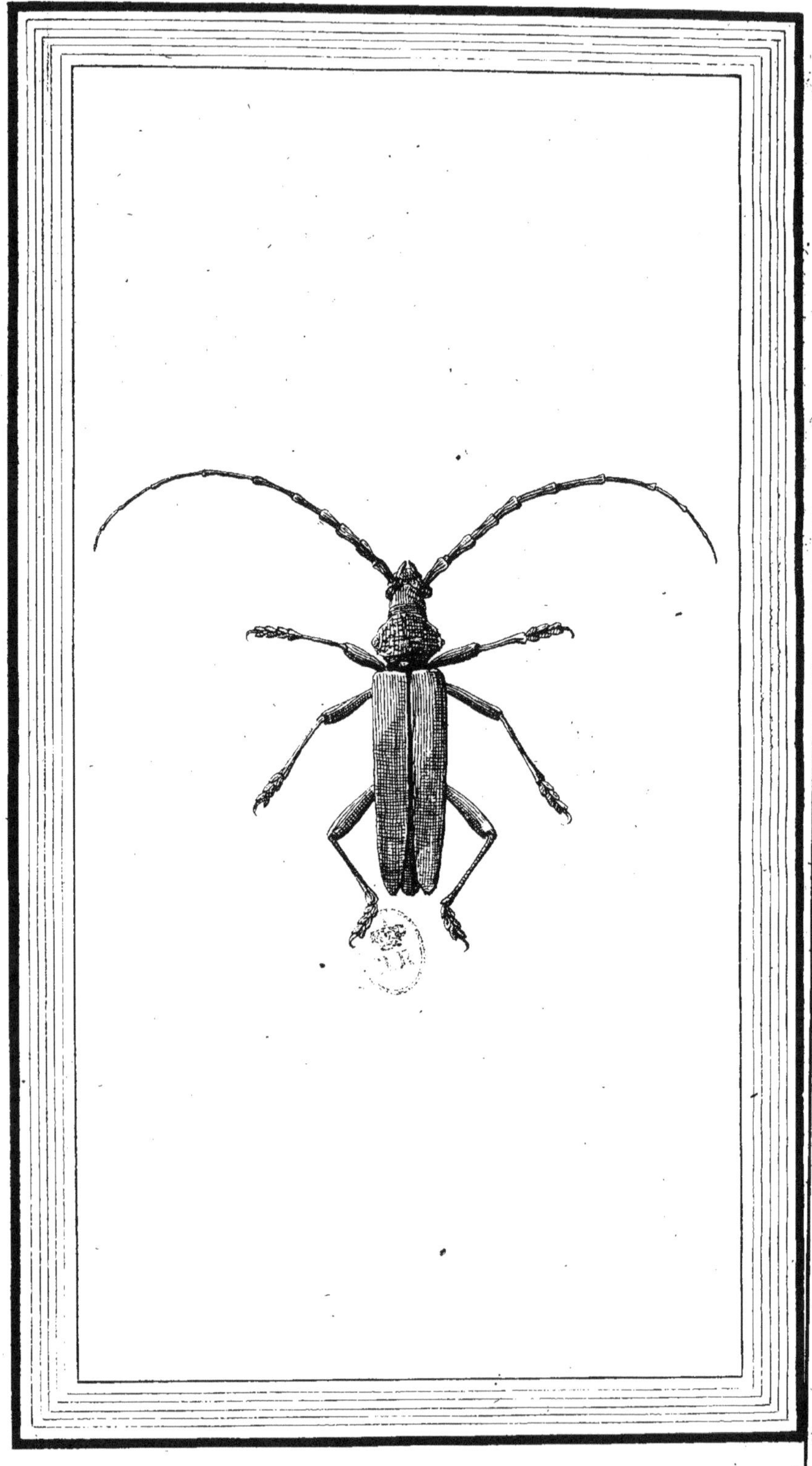

www.ingramcontent.com/pod-product-compliance
Lightning Source LLC
LaVergne TN
LVHW052020160826
845678LV00003B/1122

* 9 7 8 2 3 2 9 6 4 9 0 0 9 *